筑桥知识星球

神奇动物住哪里？

蛙类住在哪儿？

献给喜爱青蛙的埃米尔。

——梅丽莎·斯图尔特

衷心感谢安妮塔·格伦。

——希金斯·邦德

图书在版编目（CIP）数据

神奇动物住哪里？. 蛙类住在哪儿？／（美）梅丽莎·斯图尔特著；（美）希金斯·邦德绘；项思思译. — 成都：四川科学技术出版社，2023.9
ISBN 978-7-5727-0703-2

Ⅰ.①神… Ⅱ.①梅…②希…③项… Ⅲ.①蛙科 - 少儿读物 Ⅳ.① Q95-49

中国版本图书馆 CIP 数据核字（2022）第 169041 号

著作权合同登记图进字 21-2022-232 号
First published in the United States under the title A PLACE FOR FROGS
by Melissa Stewart,illustrated by Higgins Bond.
Text Copyright © 2009, 2016 by Melissa Stewart.
Illustrations Copyright © 2009, 2016 by Higgins Bond.
Published by arrangement with Peachtree Publishing Company Inc.
Simplified Chinese translation copyright © TGM Cultural Development and Distribution (HK) Co.Limited, 2022
All rights reserved.

神奇动物住哪里？
SHENQI DONGWU ZHU NALI?

蛙类住在哪儿？
WALEI ZHU ZAI NAR?

著　　者	[美]梅丽莎·斯图尔特
绘　　者	[美]希金斯·邦德
译　　者	项思思
出 品 人	程佳月
项目策划	筑桥童书
责任编辑	张湉湉
助理编辑	朱　光　魏晓涵
内容策划	林　跞
装帧设计	浦江悦
责任出版	欧晓春
出版发行	四川科学技术出版社
地　　址	成都市锦江区三色路 238 号　邮政编码：610023
	官方微博：http://weibo.com/sckjcbs
	官方微信公众号：sckjcbs
	传真：028-86361756
成品尺寸	235 mm×210 mm
印　　张	2
字　　数	40 千
印　　刷	河北鹏润印刷有限公司
版　　次	2023 年 9 月第 1 版
印　　次	2023 年 9 月第 1 次印刷
定　　价	128.00 元（全 6 册）

ISBN 978-7-5727-0703-2

■版权所有 翻印必究■
（图书如出现印装质量问题，请寄回印刷厂调换）

筑桥知识星球

神奇动物住哪里？

蛙类住在哪儿？

[美] 梅丽莎·斯图尔特 / 著　[美] 希金斯·邦德 / 绘　项思思 / 译

四川科学技术出版社

蛙类令我们的世界多姿多彩,但人类的一些行为让它们的生存和繁衍艰难无比。如果我们可以齐心协力帮助这些神奇的生物,它们就能在地球上始终保有一片栖身之所。

◆ 蛙类的一生

蛙类的生长发育一共会经历四个阶段。雌蛙会选择潮湿的地方产卵。小蝌蚪孵化出来后,大部分时间都在进食和生长。很快,蝌蚪会变态成为幼蛙,开始呼吸空气的同时长出腿,尾巴也会慢慢变短。幼蛙跳上陆地生活后,生长发育速度加快,尾巴也会彻底消失,最终发育为一只成熟的蛙,并开始寻找配偶。

▲青铜蛙

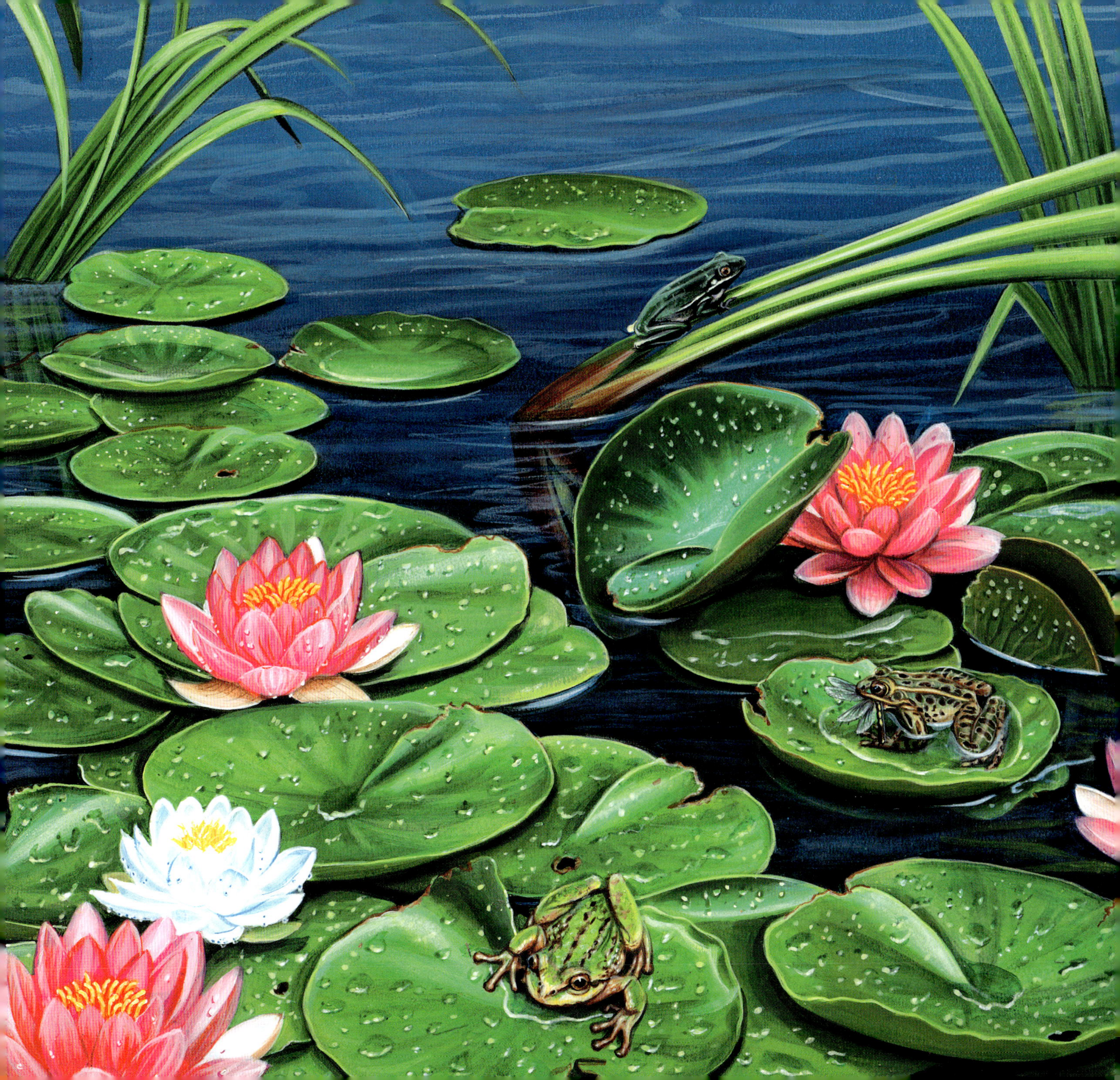

蛙类需要在安全、健康的环境下生存。农民使用的化肥和农药虽然能让农作物生长得更好，但其中的化学物质却会危害蝌蚪的健康。如果农民和科学家能找到新方法来促进农作物生长，蛙类就能生存并得以繁衍。

◆ 北方豹蛙

农民给庄稼喷洒的除草剂，有一部分会流入附近的池塘。科学家们发现，北方豹蛙的蝌蚪在被污染的池塘里难以存活。有些蝌蚪虽然侥幸活了下来，但也面临着危险：除草剂里的化学物质减缓了它们的生长速度，如此一来，还没等蝌蚪长成幼蛙，池水可能就被夏日的烈阳晒干了。没有水，蝌蚪一样会死。了解到化学物质对北方豹蛙的危害后，科学家们正在积极寻求解决的办法。

如果人们把肉食性鱼类投放进湖泊和池塘里，那里的蝌蚪生存的希望会变得渺茫。如果人们不干涉生态平衡，蛙类就能生存并得以繁衍。

◆ 内华达黄腿山蛙

内华达山脉上的湖泊，风景秀丽，人们觉得在上面钓鱼也一定别有一番乐趣。于是，他们向湖里投放了成吨的鳟鱼。但随着时间的流逝，人们发现多数黄腿山蛙的蝌蚪都被鳟鱼吃掉了。

科学家们发现这个问题后，开始组织捕捞鳟鱼。2014年，内华达黄腿山蛙被列入美国濒危物种名单。现在科学家们正在收集这些蝌蚪，等它们长成幼蛙后，再放归自然。

▲鳟鱼

向自然栖息地里人为引进外来植物物种，会给一些蛙类的生存带来威胁。如果人们种植本土植物来喂养牛马，蛙类就能生存并得以繁衍。

◆ 俄勒冈斑点蛙

自 19 世纪向西迁移后，一些美国人开始种植蕑草来喂养家畜。浓密的蕑草渐渐蔓延到湿地，遮住阳光，俄勒冈斑点蛙找不到合适的地方产卵。2014 年，美国政府将其认定为濒危物种。为了使它们有更多产卵的地方，现在人们正努力锄草。

许多蛙类都死于一种可怕的真菌。一些科学家认为，人类曾放生过被感染的蛙类，导致这种致命真菌在蛙间传播。如果科学家们能严格监管动物实验并找到治疗蛙病的办法，蛙类就能生存并得以繁衍。

◆ 奇里卡瓦豹蛙

20世纪90年代，奇里卡瓦豹蛙突然大量死亡。其他种的蛙类也出现了同样的现象。到底是什么导致了它们的死亡？是一种真菌，但科学家们无法确定它是如何传播开的。直到2013年，他们才找到罪魁祸首——爪蛙。

过去，许多人把爪蛙当成宠物饲养。医务工作者则会用它们做动物实验，其中有一些爪蛙逃跑，或者被放生了。科学家们认为，这些爪蛙感染了真菌，当它们接触其他蛙类的时候，真菌就迅速传播开来，导致那些蛙类的死亡。这条新线索也许能帮助科学家们找到治疗这种疾病的方法。

许多人外出远足时，会松开牵引绳，让狗狗自由行动，但好奇的狗狗会伤害到蛙类和其他小型动物。如果远足的人可以牵好自己的狗狗，蛙类就能生存并得以繁衍。

◆ 美国蟾蜍

人们带着狗去森林、湿地或野外游玩时,喜欢让狗狗自由奔跑。可是,狗是捕食者,天性促使它们追赶、攻击一些体型比自己小的动物。系好牵引绳,就可以挽救蛙类和其他野生动物的生命。

有些蛙类非常漂亮，人们喜欢把它们当宠物饲养。如果我们不再捕捉这些五彩斑斓的生物，蛙类就能生存并得以繁衍。

◆ 巴拿马金蛙

虽然当地政府明令禁止从雨林中捕猎巴拿马金蛙，但为了谋取利益，还是有人将这种颜色亮丽的稀有动物卖给宠物店。

蛙类并不适合做宠物，因为它们无法和人类建立情感联系，也不乐意和人类住在一起。

如果我们不再购买宠物蛙，也就不会再有人去打扰它们了。

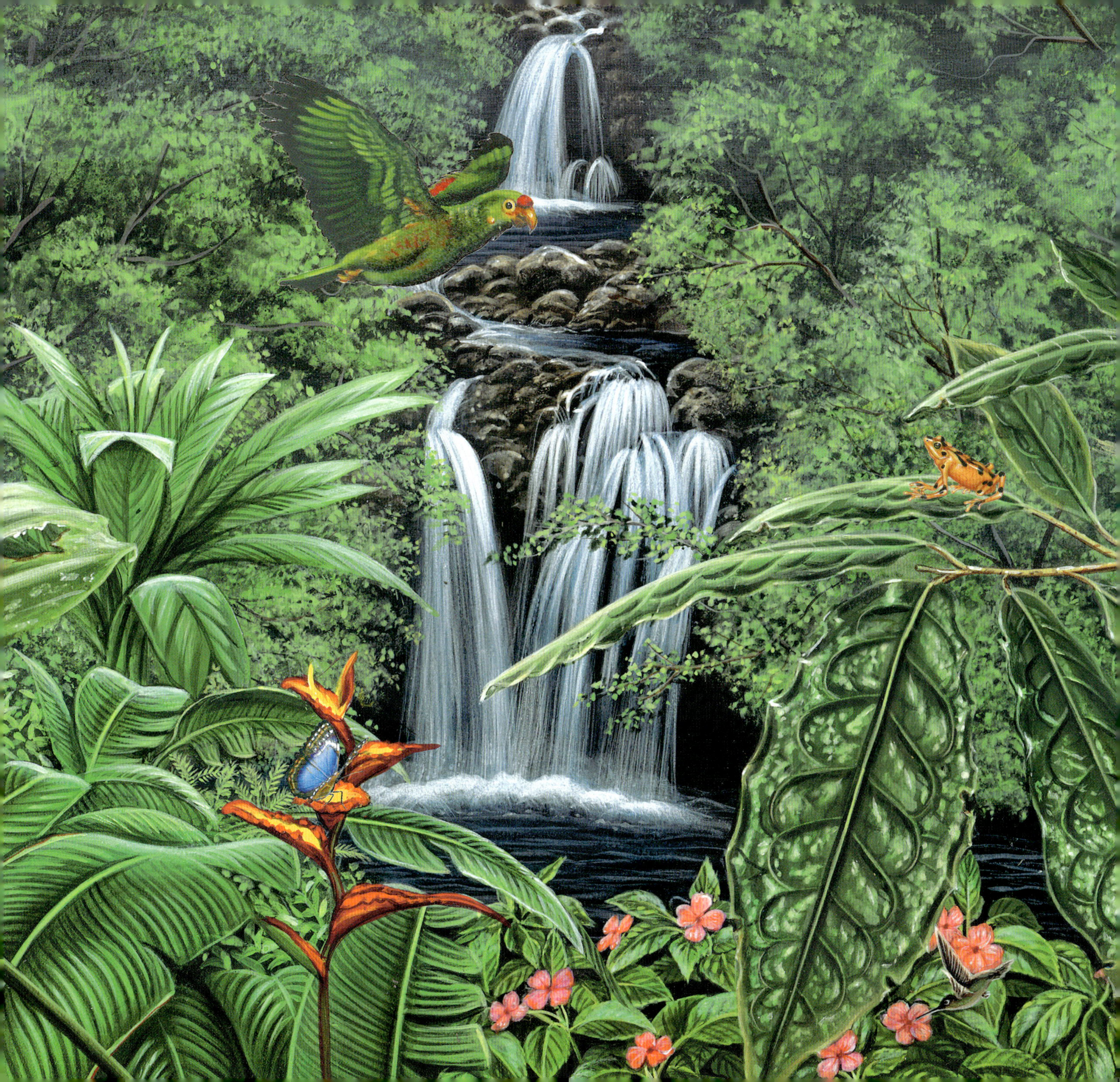

如果自然家园遭到破坏，蛙类同样难以生存。许多蛙类必须在夏天会干涸的季节性水塘中产卵。如果人们能多建造一些季节性的水塘，蛙类就能生存并得以繁衍。

◆ 霍氏锄足蛙

欧洲人在北美定居后,为了满足生活需要,改变了很多土地的用途。为了建房子和农场,一些马萨诸塞州的居民填平了季节性水塘,导致霍氏锄足蛙找不到地方产卵。

2011年—2013年,科学家们和当地居民在科德角自然中心共挖掘了9处新水塘。现在,当地学校的孩子们也会饲养蝌蚪,等它们长成幼蛙后,就放生到大自然中。

在季节性水塘里产卵的蛙类一般就住在附近的森林里,每年春天去产卵时,都要经过川流不息的马路,随时有丧生的可能。如果人们可以为蛙类创设一个更安全的道路环境,蛙类就能生存并得以繁衍。

◆ 木蛙

木蛙并不知道过马路的危险性，司机也很难每次都及时刹住车。早春时节，小镇上的人们会在温暖的雨夜守护木蛙。只要看到正在迁徙的木蛙，有爱心的人就会帮忙叫停往来的车辆，让木蛙安全地通过马路。

有些蛙类只能在阳光充足的开阔林地生活。如果人们可以尽力恢复这些自然环境，蛙类就能生存并得以繁衍。

◆ 穴蛙

从前，常有野火烧掉穴蛙栖息地的植物。可是，自从人类在这些地方定居，每当看到燃起的野火，都会及时扑灭。没有了野火的威胁，有些植物长得越来越高大，抢占了一些小型植物的生存空间。而穴蛙的蝌蚪恰恰以这些小型植物为生。春天一到，还没等蝌蚪发育为成蛙，这些高大的植物就会吸干湿地的水。科学家们意识到这个问题后，开始有意识地、小心地烧掉部分林区，以确保穴蛙的生存。

有些蛙类喜欢生活在湿地中，这些湿地往往是簇拥在茂密的矮灌木中。如果人们可以努力保护好这些湿润的环境，蛙类就能生存并得以繁衍。

◆ 松林雨蛙

20世纪50年代末，新泽西州的一个县规划局提议，砍伐当地的一片松树林，修建机场。这个项目一旦实施，将摧毁数十个松林雨蛙赖以生存的池塘。幸运的是，在科学家和村民们的共同努力下，这个项目并没有实施，松树林被永远地保留了下来。多亏了他们的努力，松林雨蛙才能始终保有一片栖身之地。

许多蛙类的栖息地非常适合建造房屋、种植庄稼。如果人们可以保护好这些自然区域，蛙类就能生存并得以繁衍。

◆ 加州红腿蛙

加州红腿蛙曾经随处可见，但后来人们开垦中央谷地种植庄稼，许多红腿蛙因此失去生命。为了建住宅和商店，人类还抽干了加利福尼亚州南部的湿地，使得更多红腿蛙因此失去生命。

2010年，美国鱼类及野生动植物管理局开展救援行动，将6 437万余公顷的土地保护起来，作为加州红腿蛙的栖息地。2014年，加州红腿蛙成为加利福尼亚州州级标志动物。科学家们希望它们的数量可以得到恢复。

如果蛙类大量死亡，其他动物的生存也会受到影响。这也是为何保护蛙类及其栖息地如此重要。

◆ **人类需要蛙类**

蛙类有助于人类生存。它们捕食害虫，不仅可以保护庄稼，也可以帮助我们保持健康；它们对环境变化非常敏感，所以蛙类出现的问题，也是对人类的预警，因为这些问题也可能影响其他动植物。这样一来，我们就能及时采取行动，解决问题。

◆ 其他动物也需要蛙类

蛙类是食物链的重要组成部分。它们的卵和孵化出来的蝌蚪是鱼类、大型水生昆虫和鸭子的重要食物来源。成蛙也是鱼、蛇、蜥蜴、蝙蝠、水獭、狐狸、水鼩(qú)和鸟类的食物。没有蛙类，许多动物都会饿肚子。

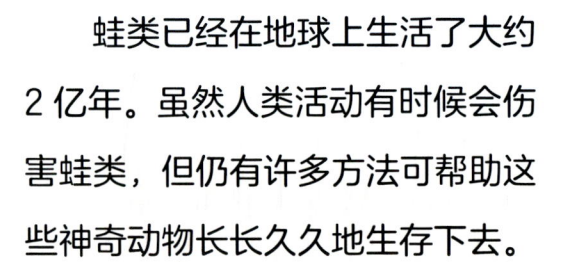

蛙类已经在地球上生活了大约2亿年。虽然人类活动有时候会伤害蛙类，但仍有许多方法可帮助这些神奇动物长长久久地生存下去。

◆ **救救蛙类**

🐸 不捕捉或饲养蛙类，让它们自由生活在大自然中。

🐸 不在宠物店购买蛙类。它们是野生动物，大自然才是它们的家。

🐸 如果有人送给你一只蛙，请不要随意把它放生到野外。它可能会吃掉其他蛙类，或传播病毒。

🐸 不要喷洒可能对蛙类有害的化学制剂。

🐸 加入公益组织，一起追踪附近蛙类的足迹，保护它们。

🐸 加入环保组织，共同努力保护或恢复附近的湿地。

🐸 和学校的老师们商量开展"青蛙保护日"活动。

▷ 与蛙类有关的二三事 ◁

※ 没人知道地球上到底有多少种蛙类。到目前为止，科学家已发现并命名的有近 5 000 种。

※ 阿马乌童蛙是世界上最小的蛙类，只有苍蝇般大小；歌利亚蛙则是世界上最大的蛙类，和兔子一样大。

※ 巴拿马金蛙会通过挥手的方式和同伴交流。

※ 在冬天，木蛙会把自己埋在树叶下，冻成冰块。春天到来时，雄蛙会发出类似鸭叫的声音吸引雌蛙。

※ 大约有 500 种蛙类属于蟾蜍科，它们的皮肤呈干燥的鳞片状，在陆地上停留的时间也比其他蛙类长。也就是说，所有的蟾蜍都是蛙，但并不是所有的蛙都是蟾蜍。